미로게임이란?

미로게임의 유래는 고대 그리스 신화에 거슬러 올라갑니다. 미로는 미누타우로스라 불리는 괴물이 숨어있는 다이다로스가 딸을 구하려고 만든 구조물로 유명합니다. 그리스 신화에서 이와 관련된 이야기들은 미로를 탐험하고 도전하는 요소를 가지고 있어, 미로는 고대부터 게임이나 도전의 요소로 사용되어왔습니다. 이후에도 역사적으로 다양한 문화에서 미로 및 미로게임이 등장하여 현재의 다양한 형태로 이어졌습니다.

미로게임은 플레이어가 미로 속에서 목표 지점에 도달하거나 특정 과제를 완수하는 게임입니다. 주로 미로 내의 길을 찾거나 피해야 할 장애물을 피하면서 진행됩니다. 미로게임은 전략, 문제해결, 공간 인지 능력을 향상시키는 데 도움이 되며, 다양한 플랫폼에서 다양한 형태로 즐길 수 있습니다.

미로게임의 장점

미로게임은 플레이어에게 여러 가지 효과를 제공할 수 있습니다. 미로게임은 주로 다음과 같은 측면에서 긍정적인 영향을 미칩니다.

1. 문제 해결 능력 향상 : 미로를 탐험하면서 플레이어는 다양한 도전에 직면하게 되어 문제를 해결하는 능력이 향상됩니다.

2. 공간 인지 능력 강화 : 미로에서 길을 찾는 과정은 공간 인지 능력을 향상시키고 뇌를 활성화시킵니다.

3. 전략적 사고 촉진 : 특히 복잡한 미로게임에서는 미리 계획을 세우고 전략을 짜야 하므로 전략적 사고 능력을 키울 수 있습니다.

4. 스트레스 해소 : 게임은 일상 생활에서의 스트레스를 해소하고 긴장을 풀어주는 역할을 합니다.

5. 자기 동기 부여 : 미로를 통과하는 성취감은 자기 동기 부여에 긍정적인 영향을 미칩니다.

이러한 이유들로 미로게임은 교육, 훈련, 또는 취미로서 다양한 환경에서 활용됩니다.

Question **001**

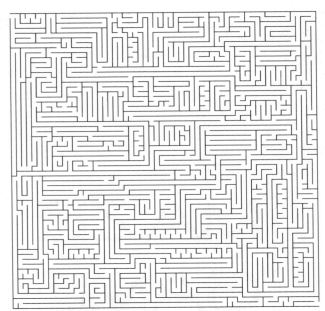

Question **002**

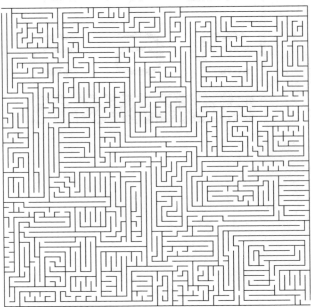

Question 003

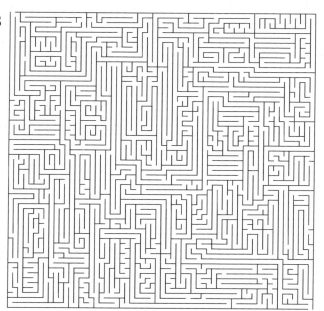

Question 004

Question **005**

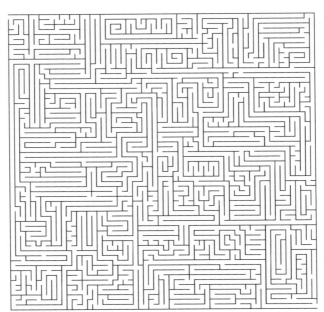

Question **006**

Question **007**

Question **008**

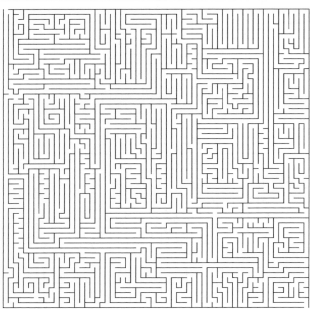

MAZE GAME 365 ADVANCED

Question 009

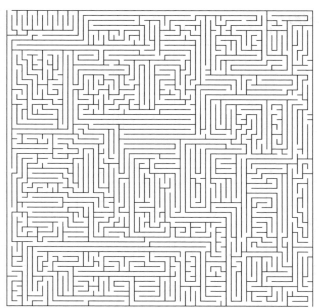

Question 010

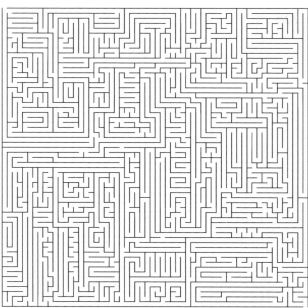

Question 011

Question 012

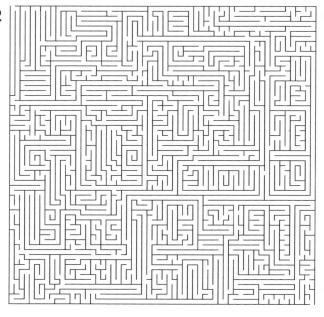

Question 013

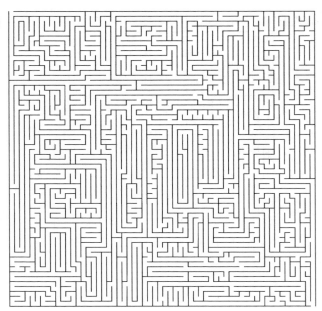

Question 014

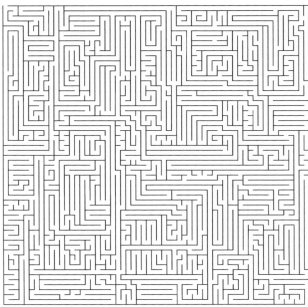

Question 015

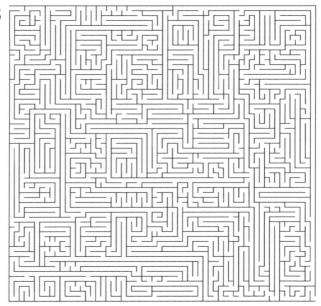

Question 016

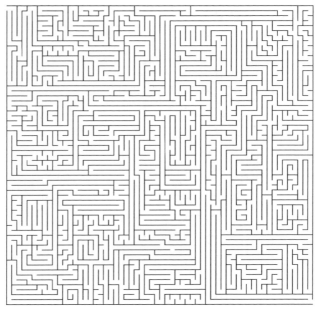

Question 017

Question 018

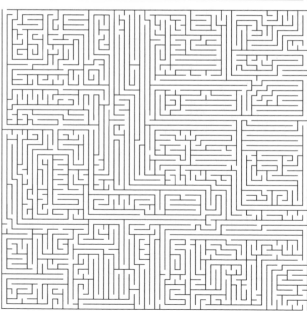

Question **019**

Question **020**

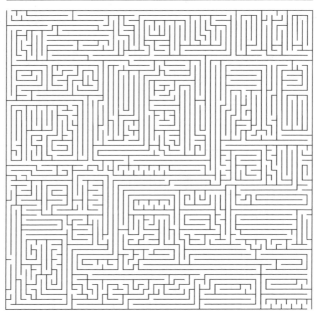

MAZE GAME 365 ADVANCED

19

Question 021

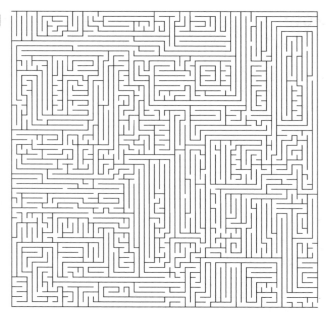

Question 022

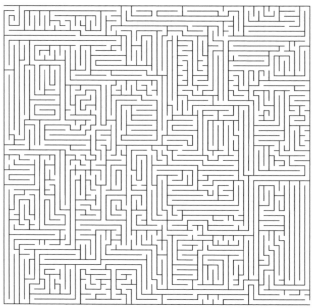

Question 023

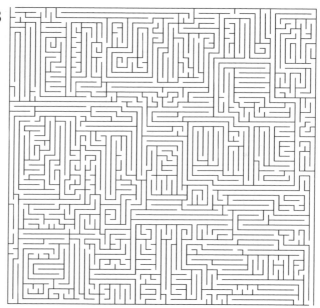

Question 024

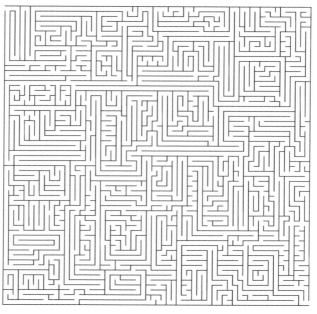

Question 025

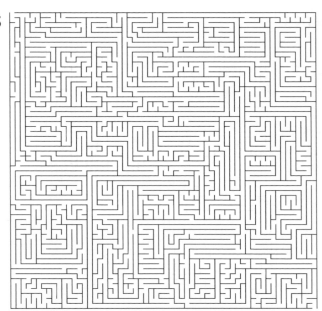

Question 026

Question 027

Question 028

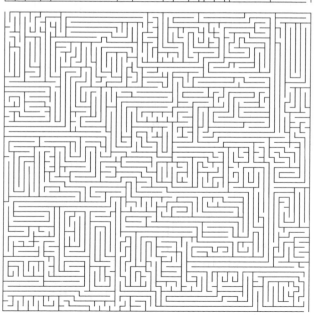

Question 029

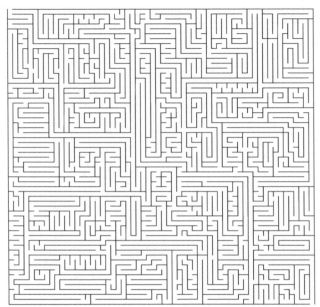

Question 030

Question 031

Question 032

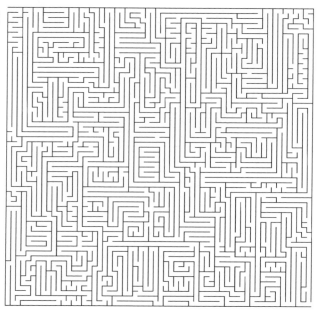

Question 033

Question 034

Question 035

Question 036

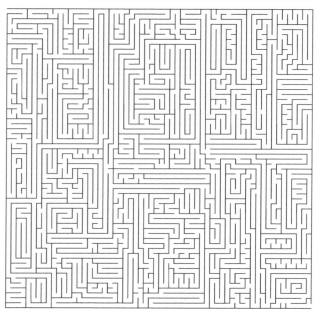

Question **037**

Question **038**

Question 039

Question 040

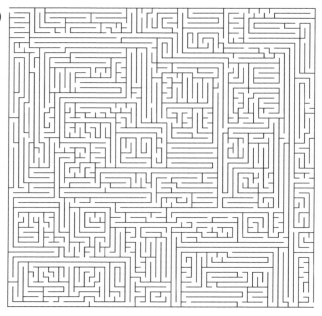

Question 041

Question 042

Question 043

Question 044

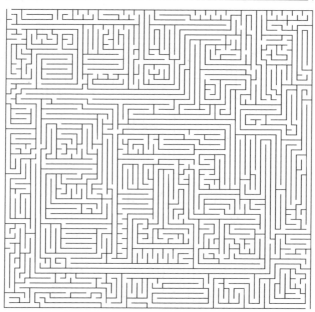

Question **045**

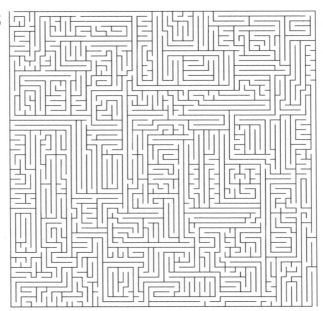

Question **046**

Question **047**

Question **048**

Question 049

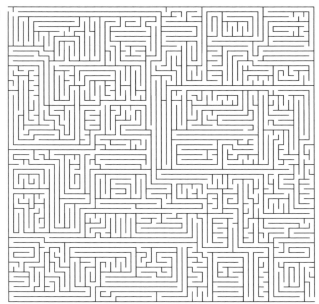

Question 050

Question 051

Question 052

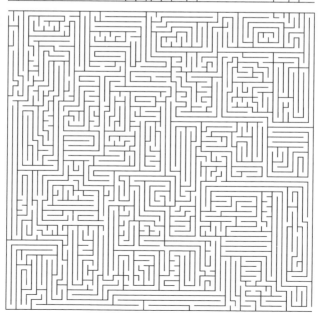

Question 053

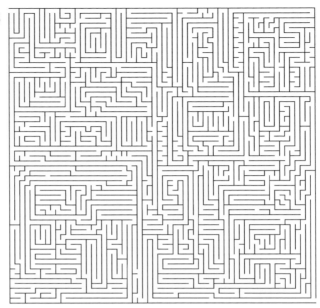

Question 054

Question 055

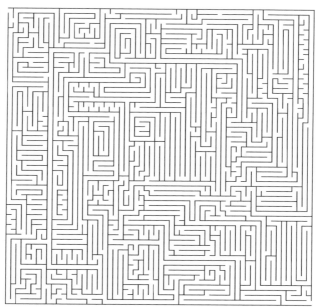

Question 056

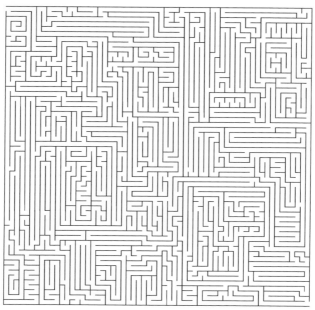

Question 057

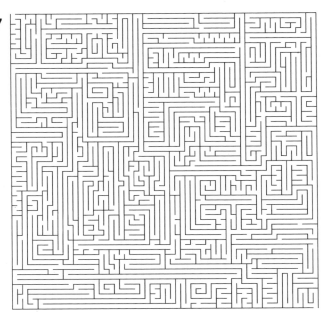

Question 058

Question 059

Question 060

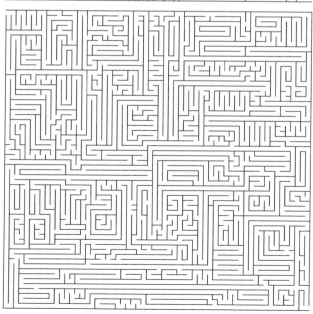

Question 061

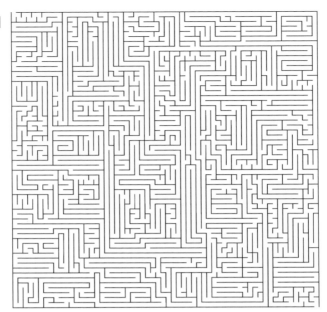

Question 062

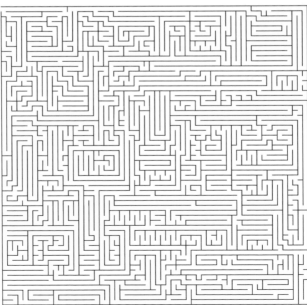

Question 063

Question 064

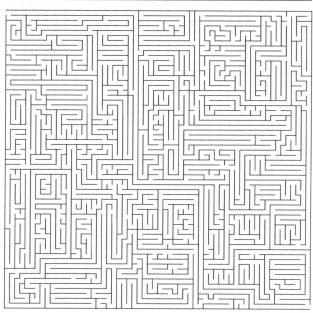

Question 065

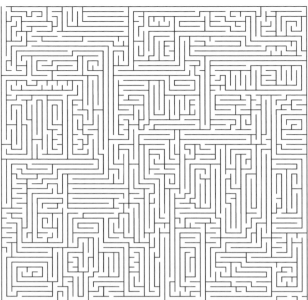

Question 066

Question 067

Question 068

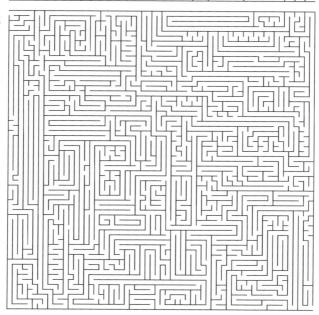

Question 069

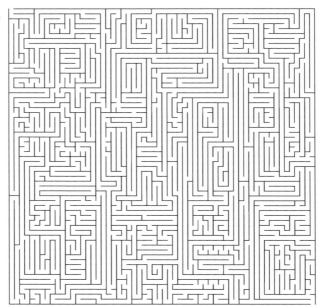

Question 070

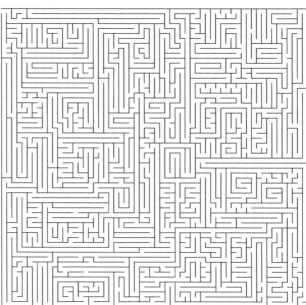

Question 071

Question 072

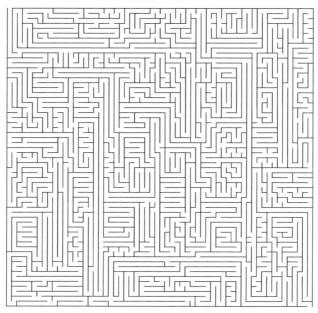

Question 073

Question 074

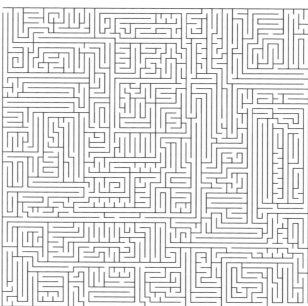

Question 075

Question 076

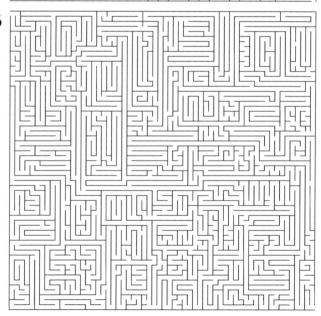

Question 077

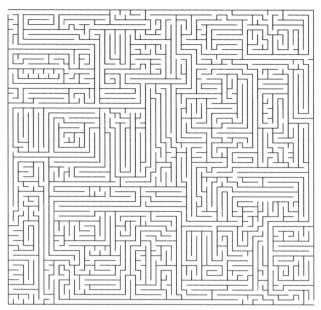

Question 078

Question 079

Question 080

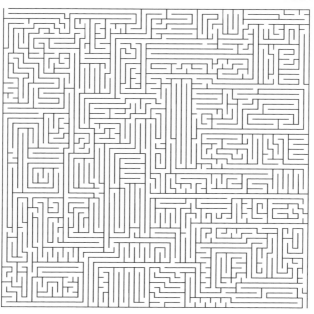

Question 081
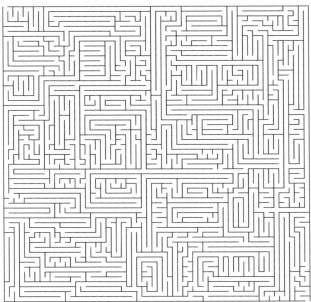

Question 082

Question 083

Question 084

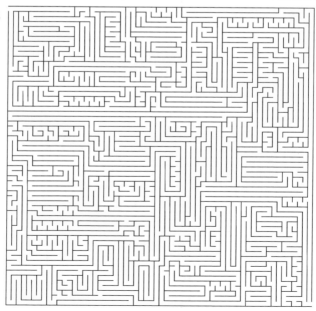

Question 085

Question 086

Question 087

Question 088

Question 089

Question 090

Question 091

Question 092

Question 093

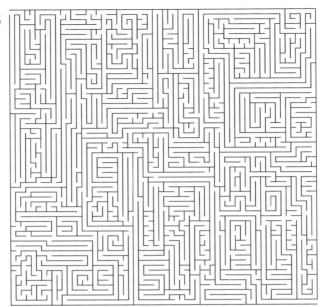

Question 094

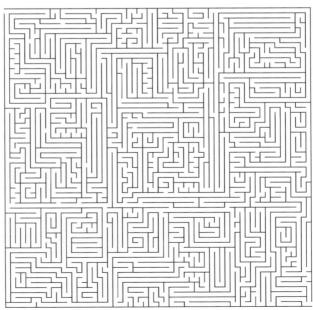

Question 095

Question 096

Question **097**

Question **098**

Question **099**

Question **100**

Question **101**

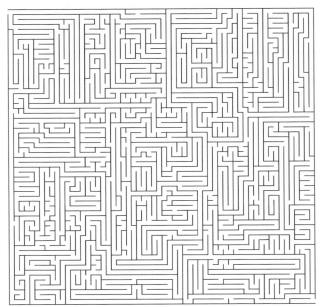

Question **102**

Question 103

Question 104

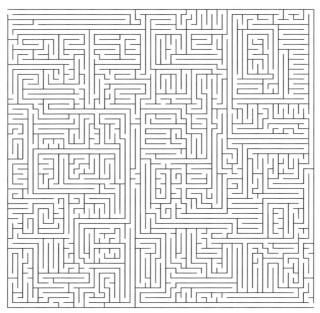

Question **105**

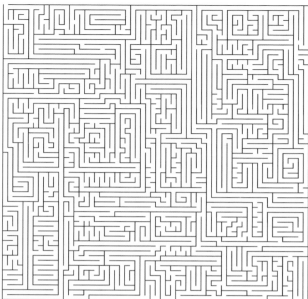

Question **106**

Question 107

Question 108

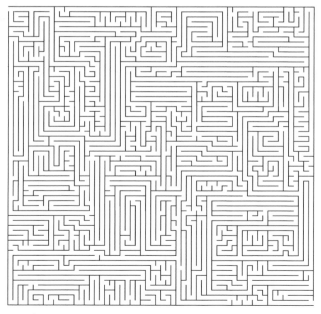

Question **109**

Question **110**

Question 111

Question 112

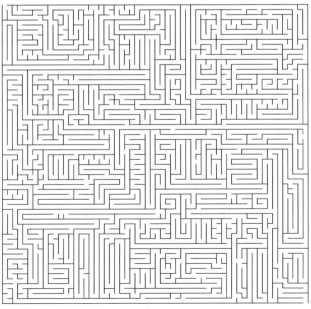

Question 113

Question 114

Question 115

Question 116

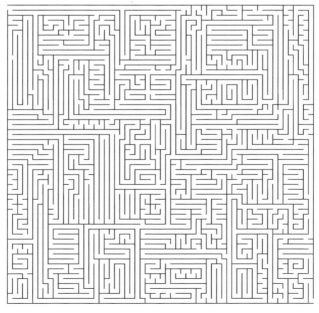

Question 117

Question 118
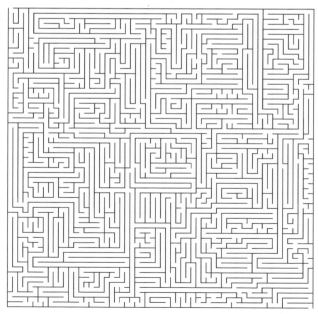

Question 119

Question 120

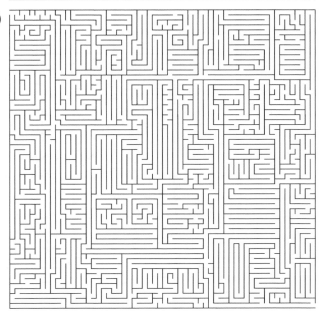

Question 121

Question 122

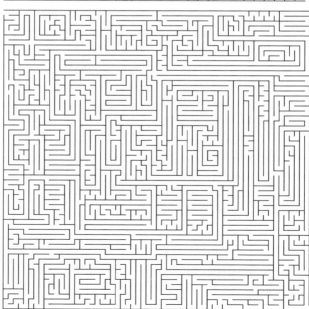

Question 123

Question 124

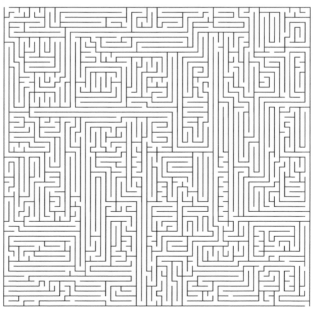

MAZE GAME 365 ADVANCED

71

Question **125**

Question **126**

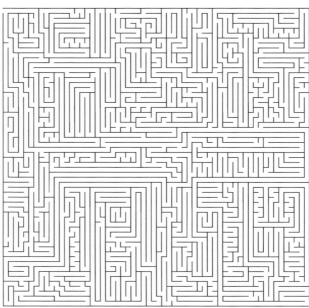

Question 127

Question 128

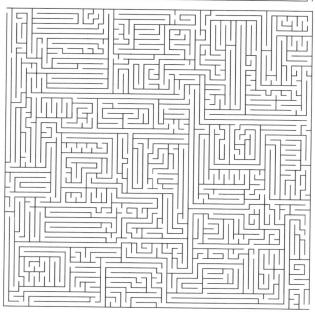

Question 129

Question 130

Question **131**

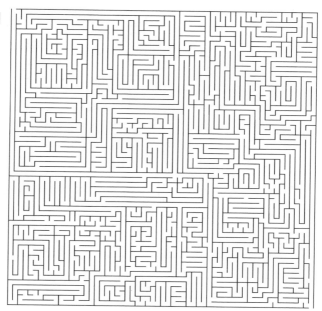

Question **132**

Question **133**

Question **134**

Question 135

Question 136

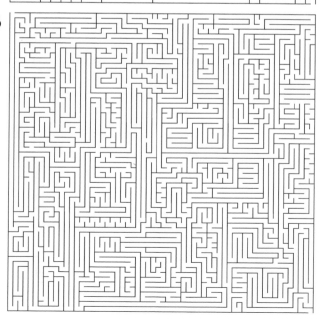

Question **137**

Question **138**
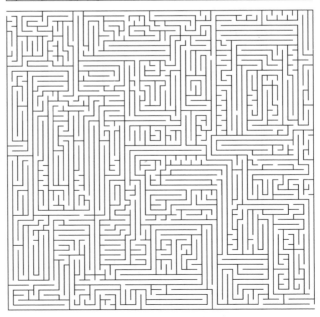

Question **139**

Question **140**

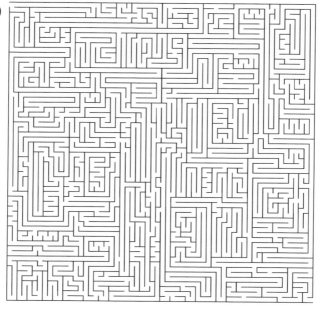

Question **141**

Question **142**

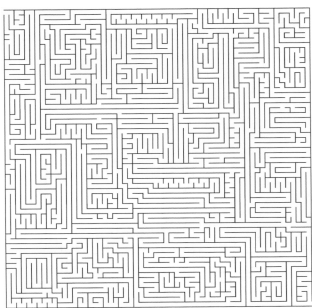

Question **143**

Question **144**

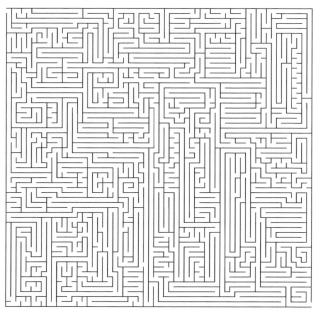

MAZE GAME 365 ADVANCED

81

Question **145**

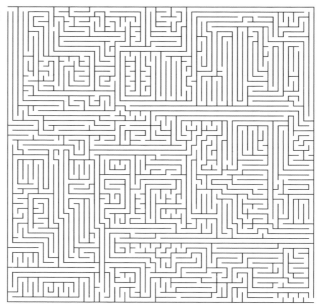

Question **146**

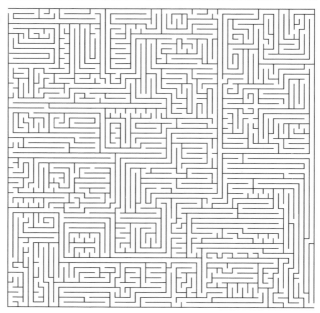

Question 147

Question 148

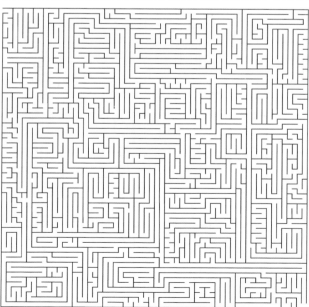

Question **149**

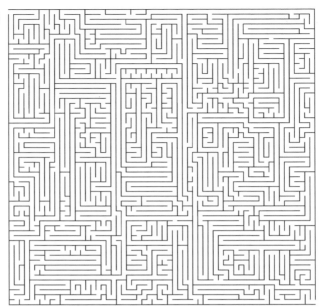

Question **150**

Question 151

Question 152

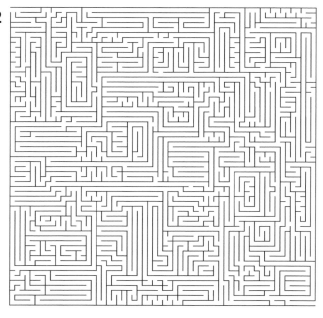

Question **153**

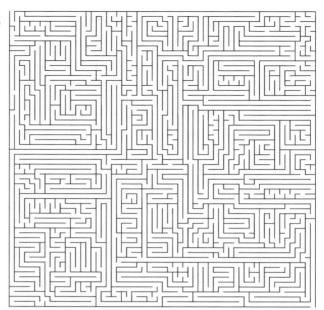

Question **154**

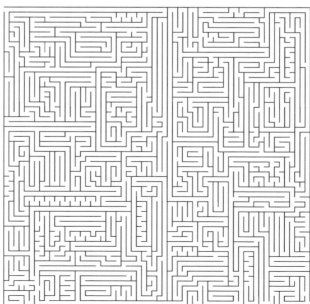

Question 155

Question 156

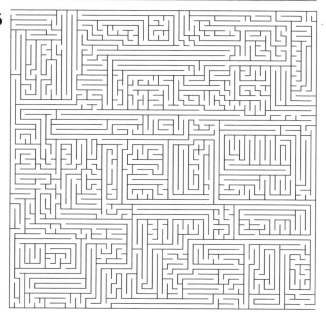

Question **157**

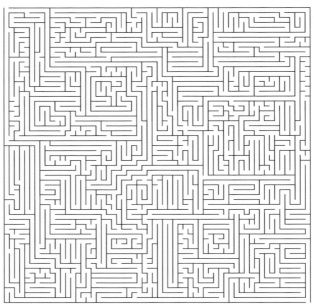

Question **158**

Question 159

Question 160

Question **161**

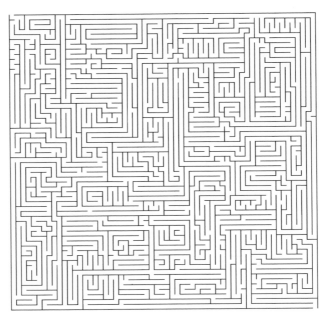

Question **162**

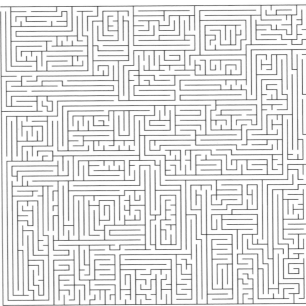

Question **163**

Question **164**

Question **165**

Question **166**

Question **167**

Question **168**

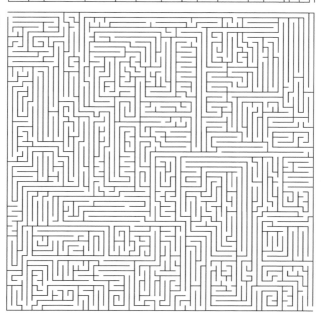

Question **169**

Question **170**

Question **171**

Question **172**

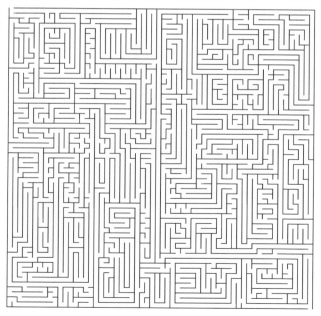

MAZE GAME 365 ADVANCED

Question 173

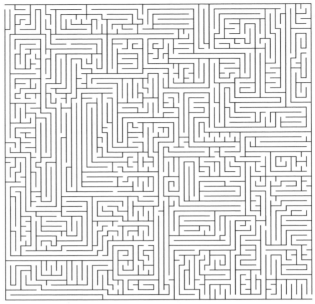

Question 174

Question 175

Question 176

Question **177**

Question **178**

Question **179**

Question **180**

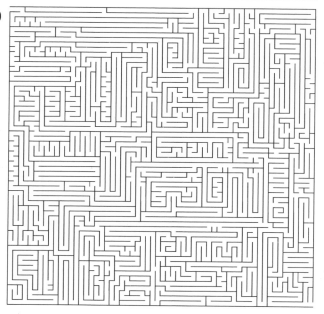

Question **181**

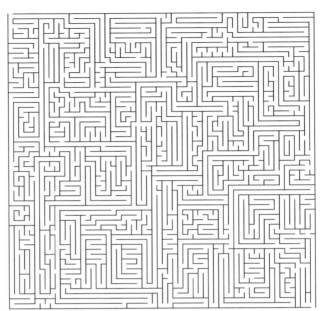

Question **182**

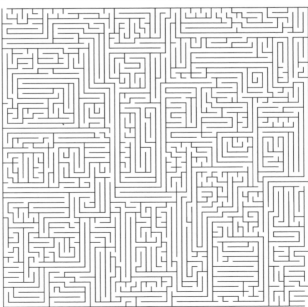

Question 183

Question 184

Question **185**

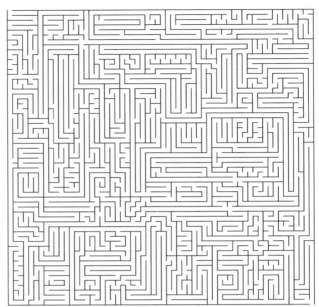

Question **186**

102

Question **187**

Question **188**

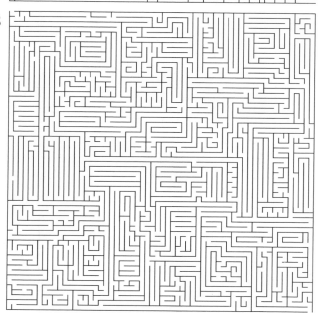

MAZE GAME 365 ADVANCED

Question **189**

Question **190**

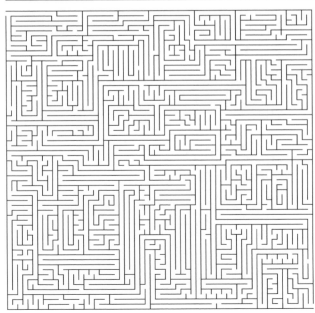

Question 191

Question 192

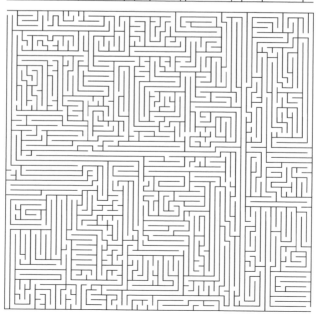

Question 193

Question 194

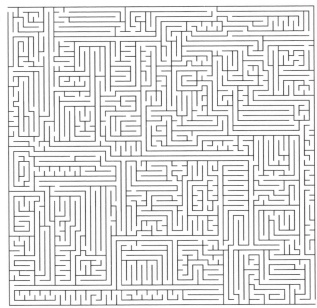

Question 195

Question 196

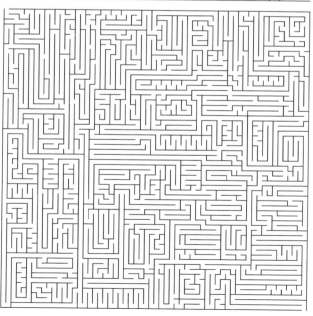

Question **197**

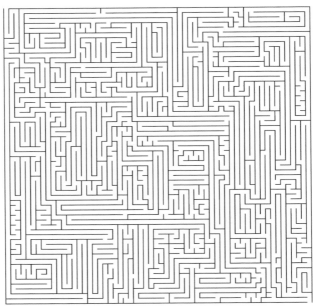

Question **198**

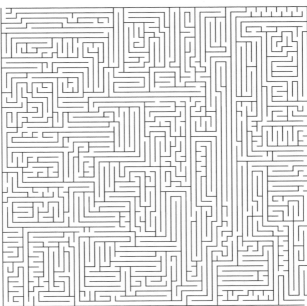

Question 199

Question 200
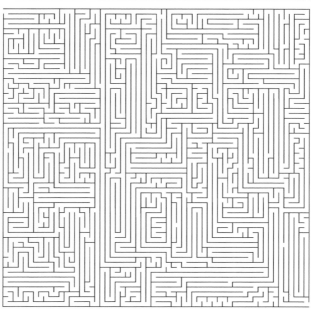

Question 201

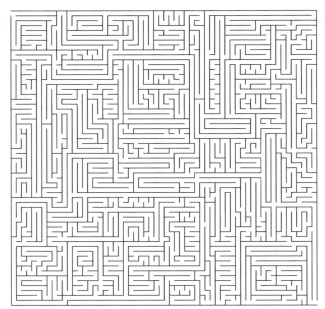

Question 202

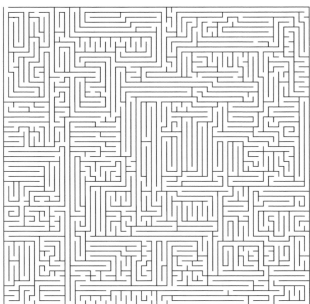

Question 203

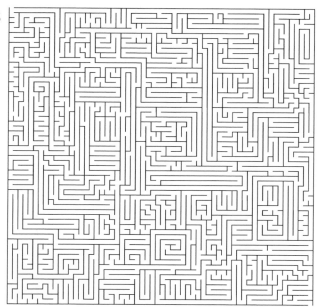

Question 204

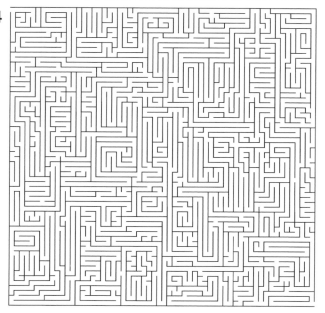

Question 205

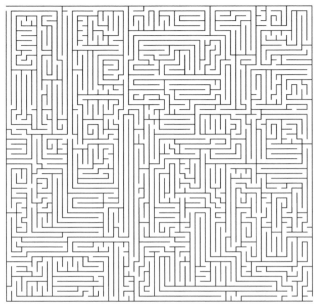

Question 206

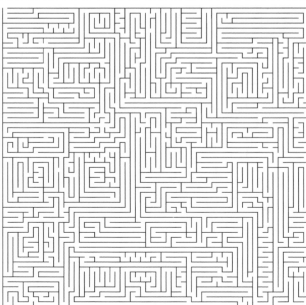

Question 207

Question 208

Question 209

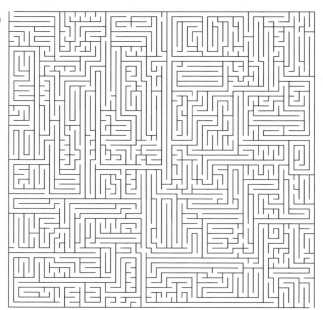

Question 210

Question 211

Question 212

Question 213

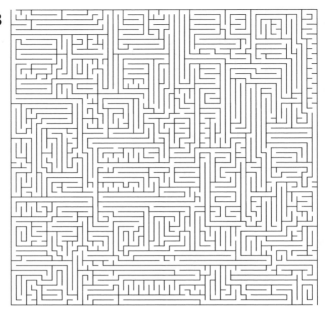

Question 214

Question 215

Question 216

Question 217

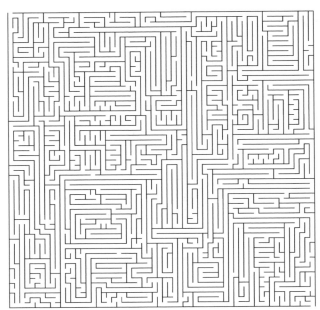

Question 218

Question 219

Question 220

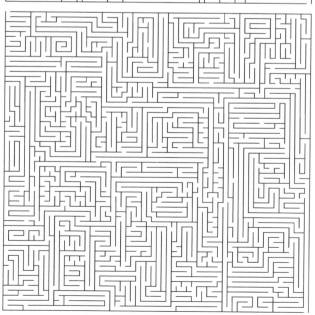

Question 221

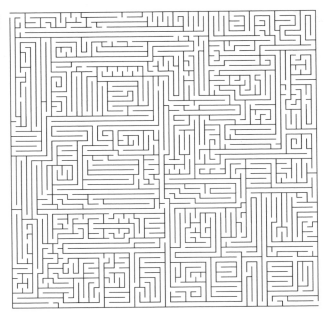

Question 222

Question 223

Question 224

Question **225**

Question **226**

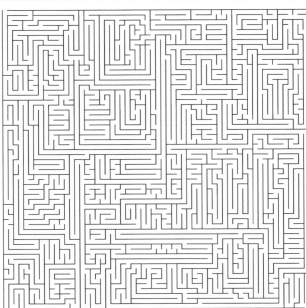

Question 227

Question 228

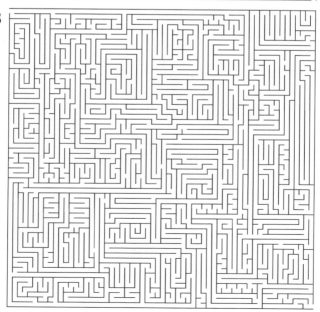

Question **229**
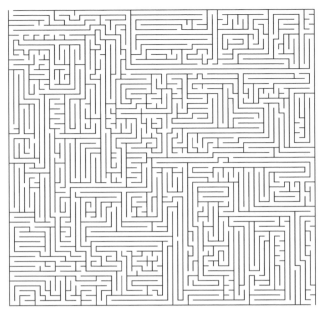

Question **230**
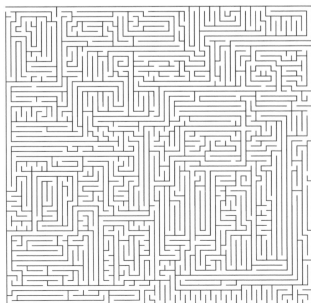

Question 231

Question 232

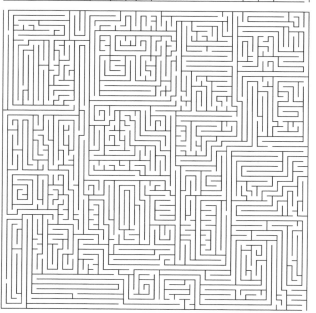

Question **233**

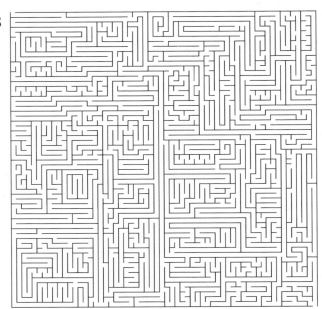

Question **234**

Question 235

Question 236

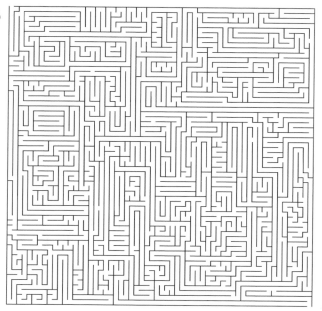

Question **237**

Question **238**

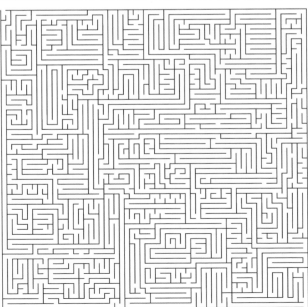

Question 239

Question 240

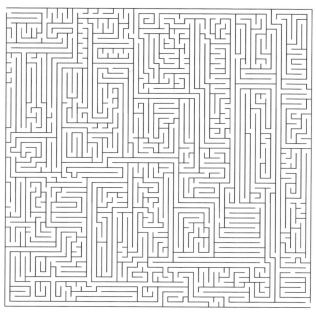

Question **241**

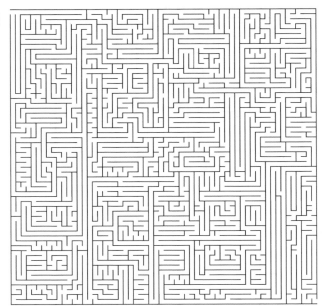

Question **242**

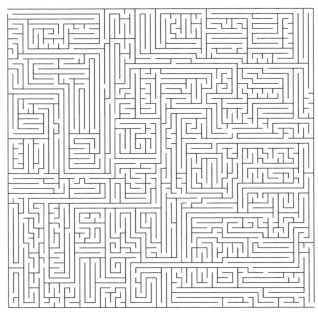

Question 243

Question 244

Question **245**

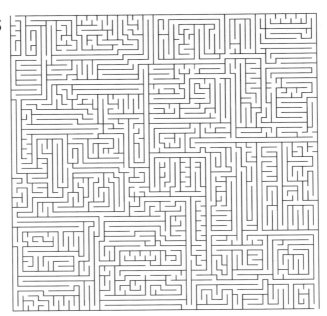

Question **246**

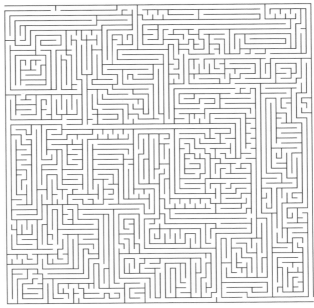

Question 247

Question 248

MAZE GAME 365 ADVANCED

133

Question **249**

Question **250**

Question 251

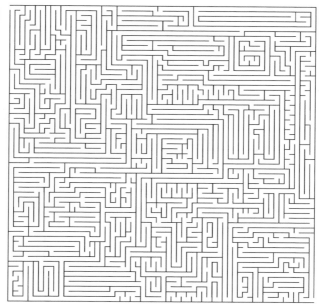

Question 252

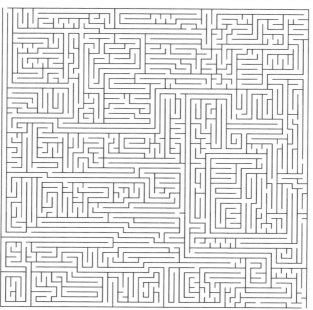

MAZE GAME 365 ADVANCED

135

Question 253

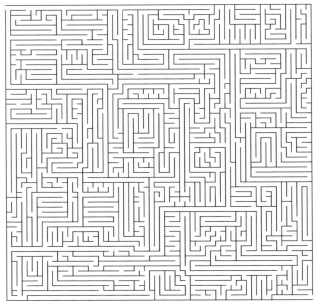

Question 254

Question 255

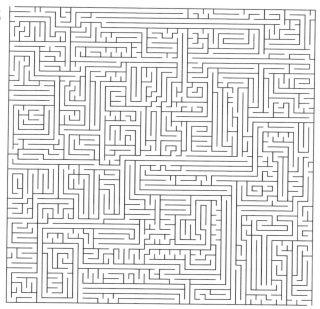

Question 256

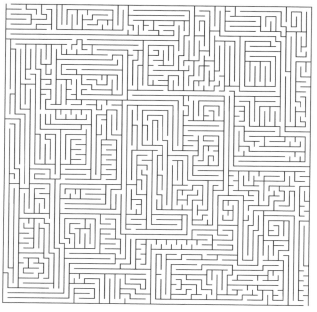

Question 257

Question 258

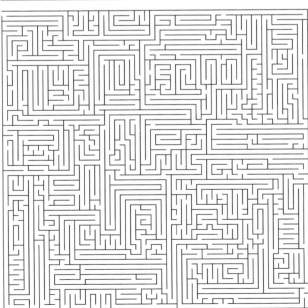

Question 259

Question 260

Question **261**

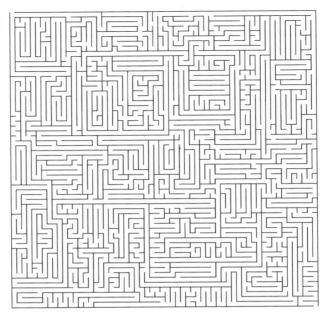

Question **262**

Question 263

Question 264

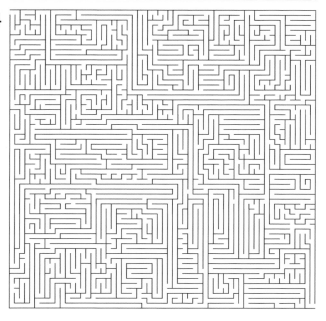

Question 265

Question 266
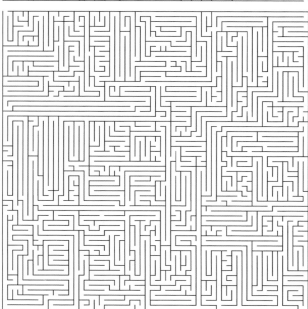

Question 267

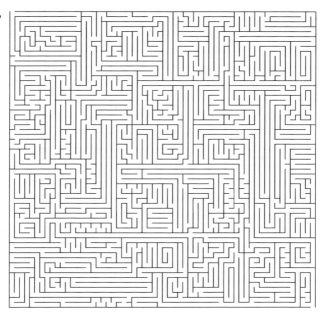

Question 268

Question **269**

Question **270**

Question 271

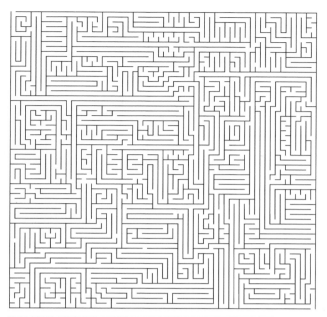

Question 272

Question **273**

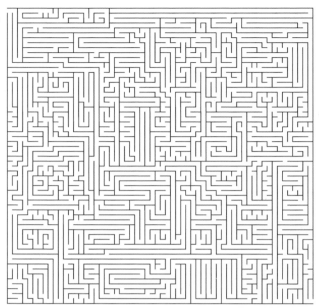

Question **274**

Question **275**

Question **276**

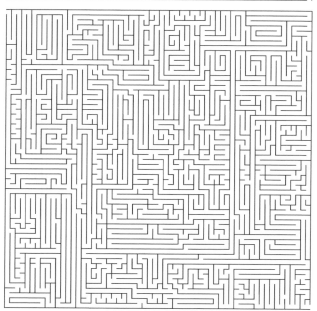

Question 277

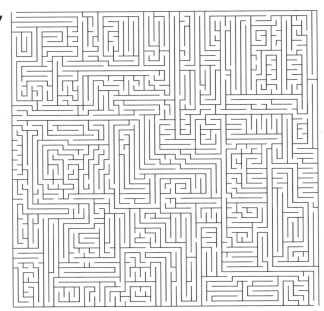

Question 278

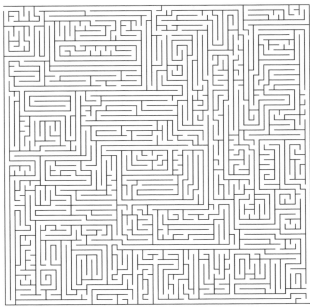

Question 279

Question 280

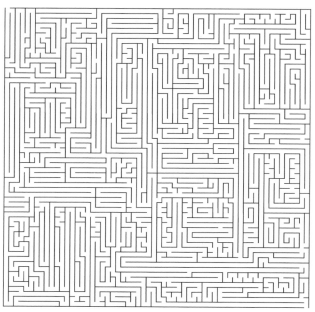

Question **281**

Question **282**

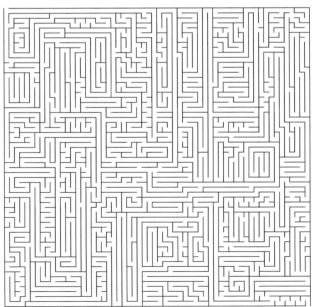

Question 283

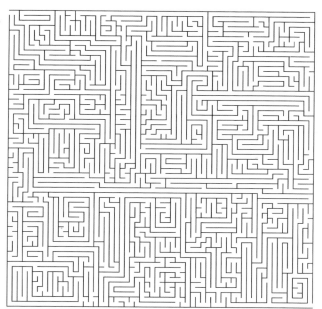

Question 284

Question **285**

Question **286**

Question 287

Question 288

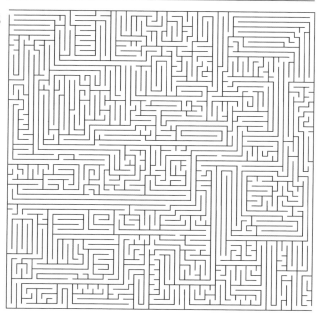

Question 289

Question 290

154

Question **291**

Question **292**

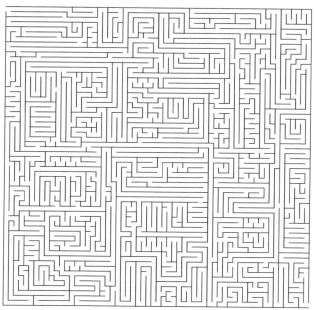

Question 293

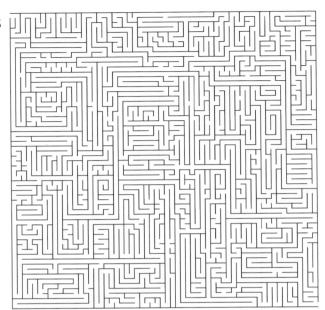

Question 294

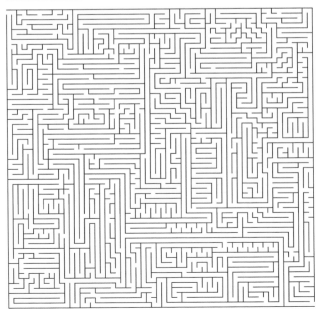

Question 295

Question 296

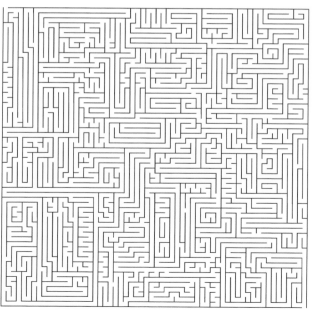

Question 297

Question 298

Question 299

Question 300

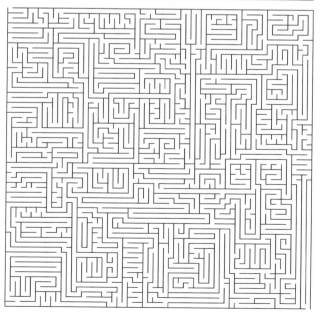

MAZE GAME 365 ADVANCED

159

Question **301**

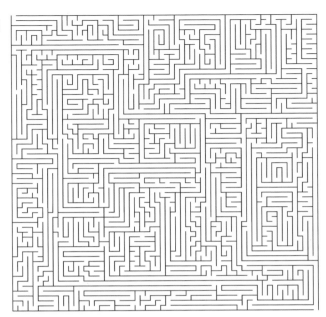

Question **302**

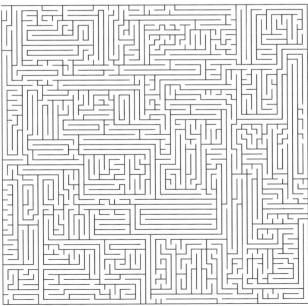

Question **303**

Question **304**

Question **305**

Question **306**

Question 307

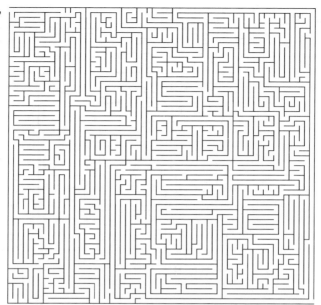

Question 308

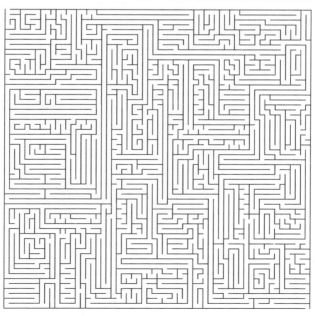

Question 309

Question 310

Question 311

Question 312

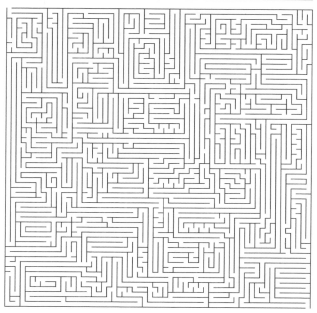

Question 313

Question 314

Question 315

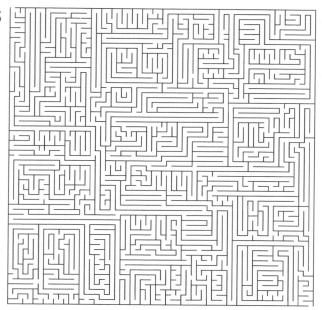

Question 316

Question 317

Question 318

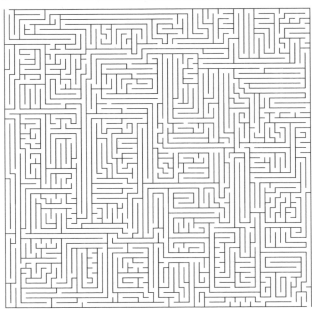

Question 319

Question 320

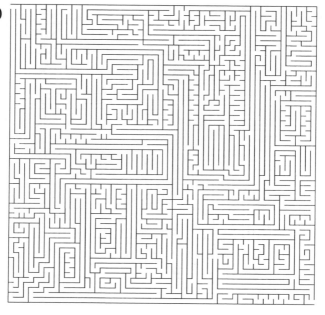

Question 321

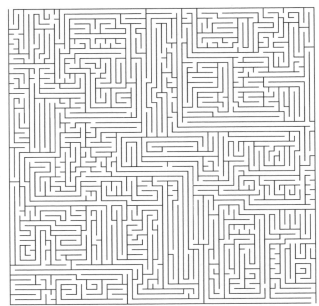

Question 322

Question 323

Question 324

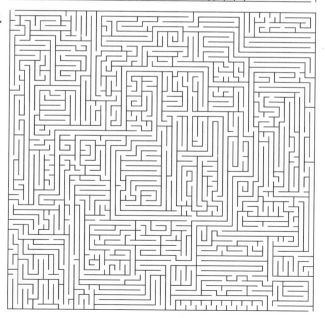

Question 325

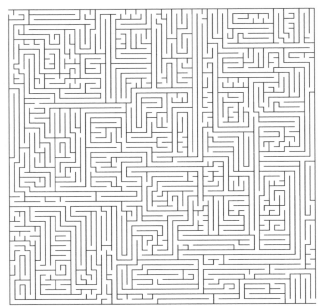

Question 326

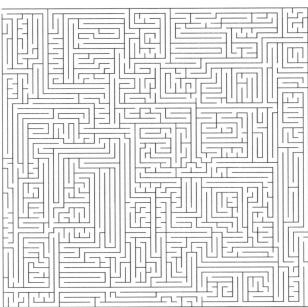

Question 327

Question 328

Question 329

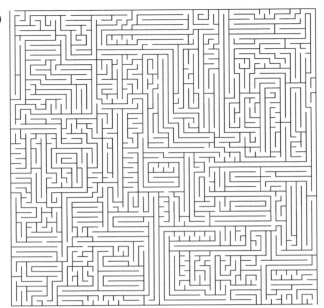

Question 330

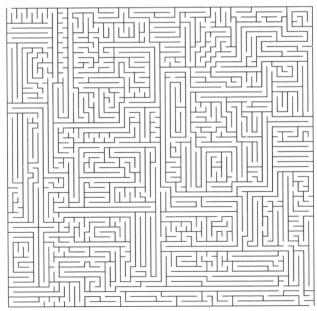

Question **331**

Question **332**

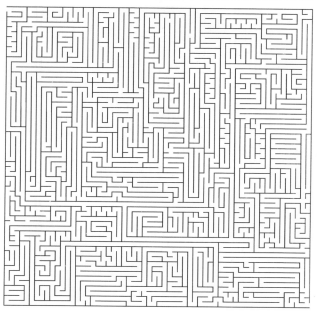

Question 333

Question 334

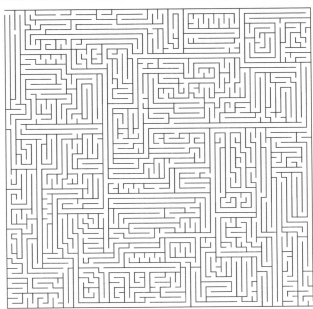

Question 335

Question 336

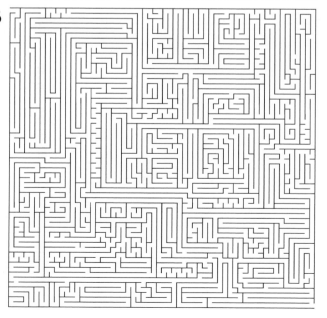

Question 337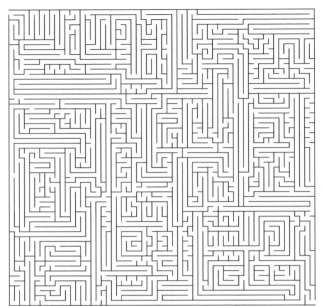

Question 338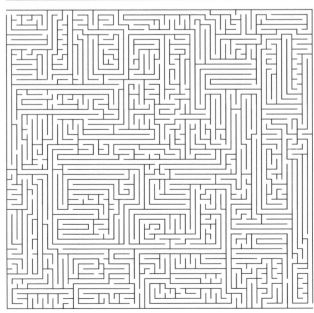

Question **339**

Question **340**

Question 341

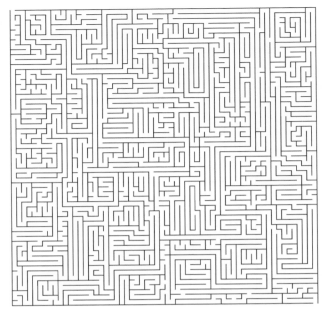

Question 342

Question 343

Question 344

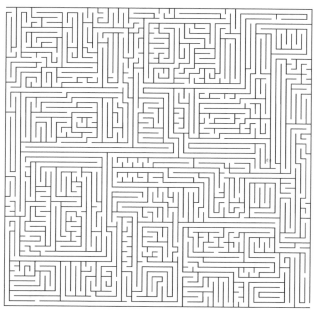

Question **345**

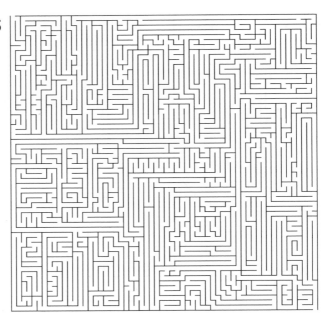

Question **346**

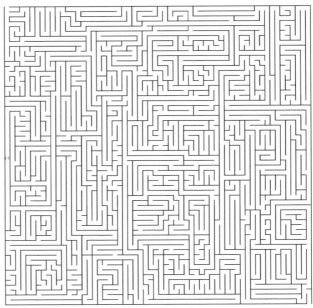

Question 347

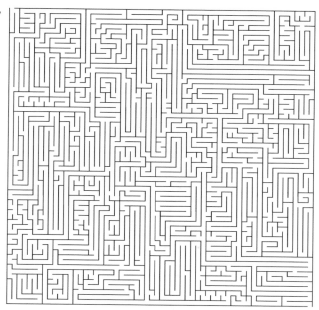

Question 348

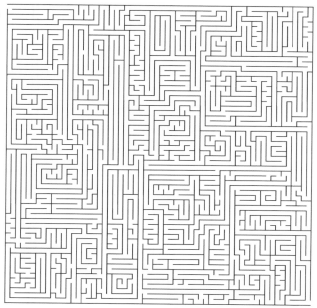

Question 349

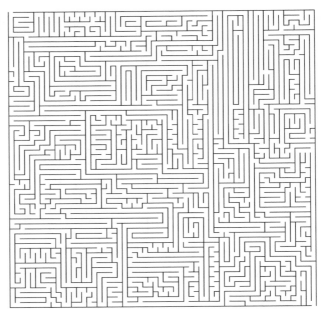

Question 350

Question 351

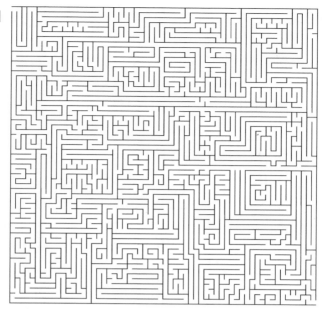

Question 352

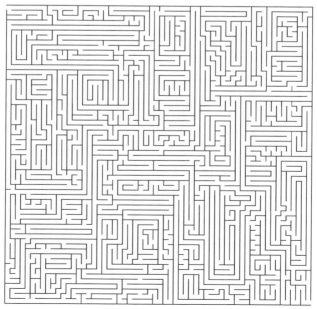

Question **353**

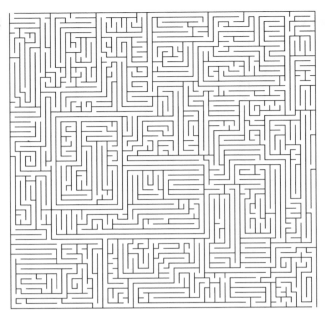

Question **354**

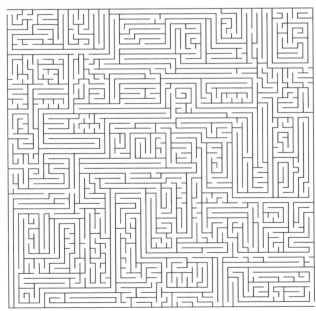

Question 355

Question 356

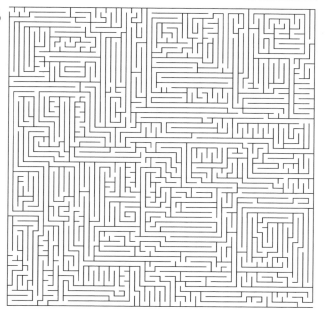

Question **357**

Question **358**

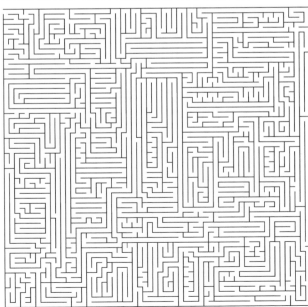

Question 359

Question 360

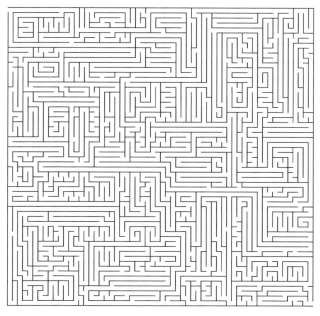

Question **361**

Question **362**

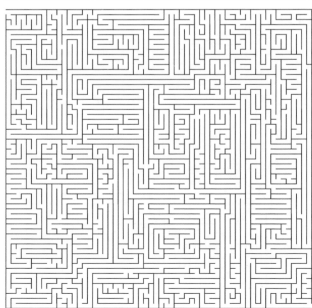

Question 363

Question 364

Question 365

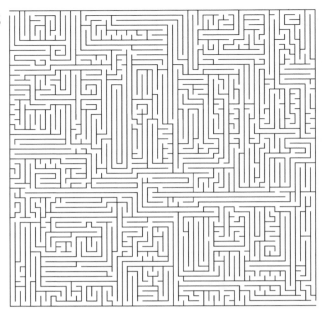

Answer 001
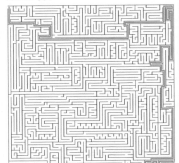

Answer 002
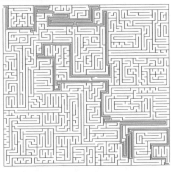

Answer 003
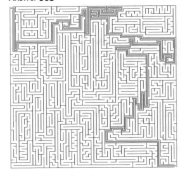

Answer 004

Answer 005
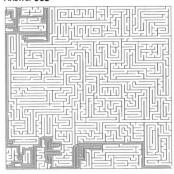

Answer 006
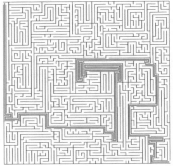

Answer 007
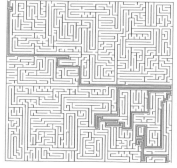

Answer 008
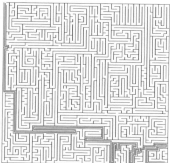

Answer 009
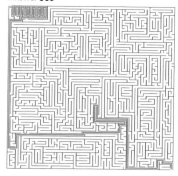

Answer 010
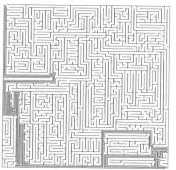

Answer 011
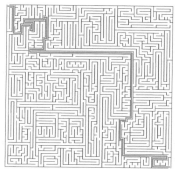

Answer 012
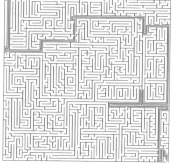

Answer 013

Answer 014
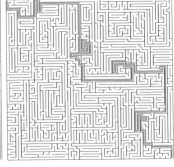

Answer 015
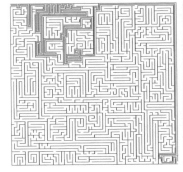

Answer 016
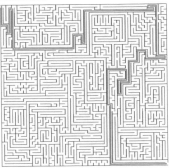

Answer 017

Answer 018
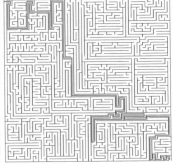

Answer 019
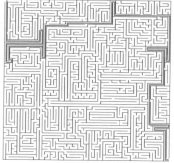

Answer 020
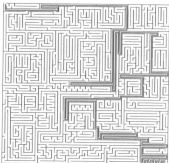

Answer 021
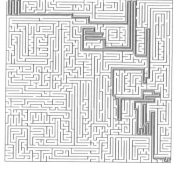

Answer 022

Answer 023

Answer 024
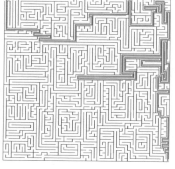

Answer **025**

Answer **026**

Answer **027**
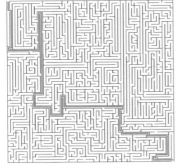

Answer **028**
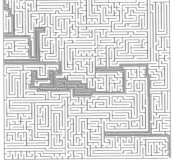

Answer **029**
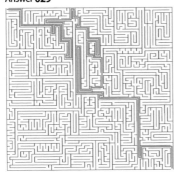

Answer **030**
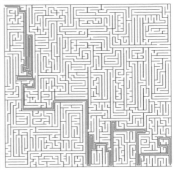

Answer 031
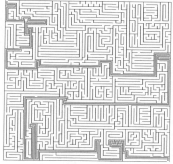

Answer 032
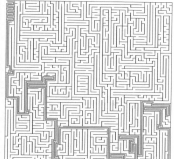

Answer 033
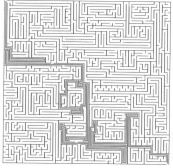

Answer 034
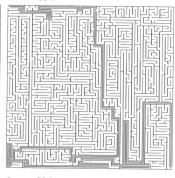

Answer 035

Answer 036
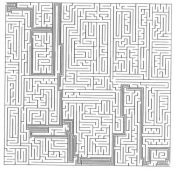

Answer 037
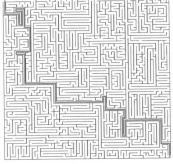

Answer 038
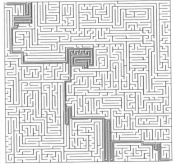

Answer 039
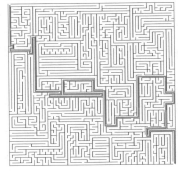

Answer 040
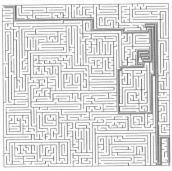

Answer 041

Answer 042
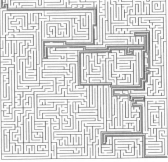

Answer 043
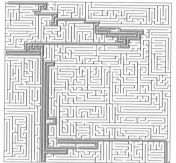

Answer 044
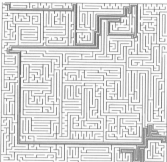

Answer 045
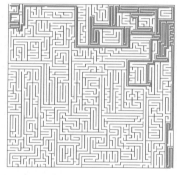

Answer 046
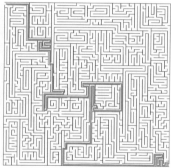

Answer 047
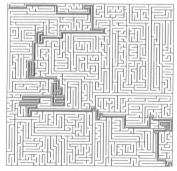

Answer 048
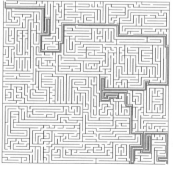

Answer 049
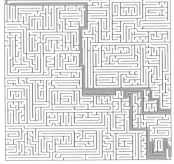

Answer 050
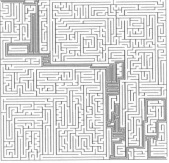

Answer 051
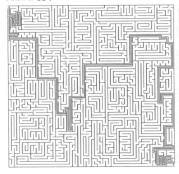

Answer 052
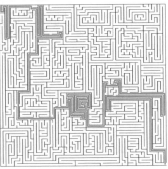

Answer 053
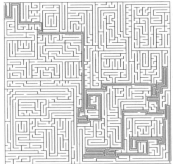

Answer 054

Answer 055
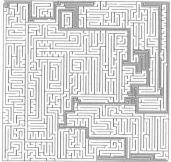

Answer 056
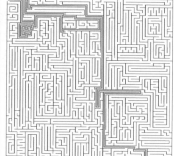

Answer 057
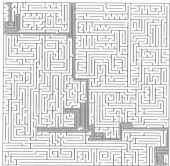

Answer 058

Answer 059
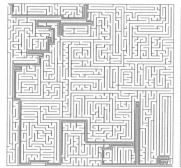

Answer 060
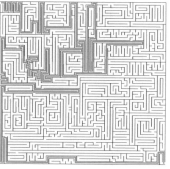

Answer 061
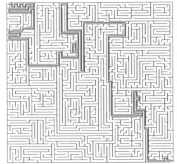

Answer 062
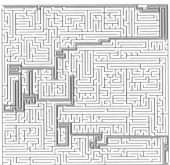

Answer 063

Answer 064
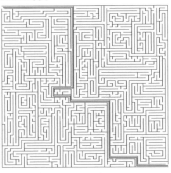

Answer 065
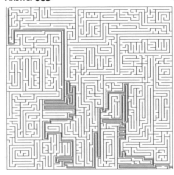

Answer 066
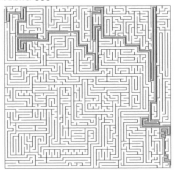

Answer **067**

Answer **068**

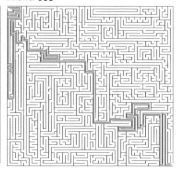

Answer **069**

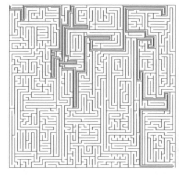

Answer **070**

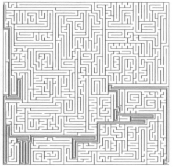

Answer **071**

Answer **072**

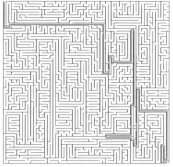

Answer 073
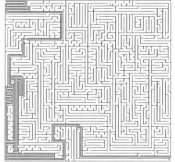

Answer 074
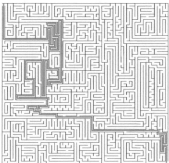

Answer 075
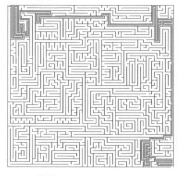

Answer 076
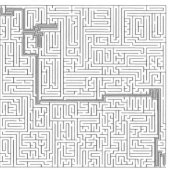

Answer 077
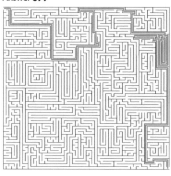

Answer 078

Answer 079

Answer 080

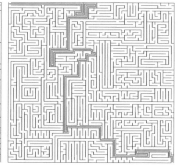

Answer 081

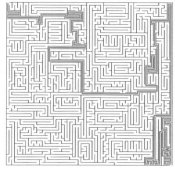

Answer 082

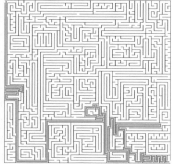

Answer 083

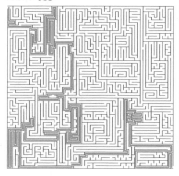

Answer 084

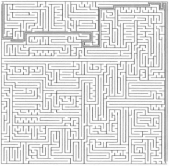

Answer 085
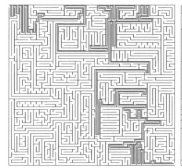

Answer 086
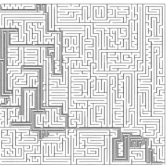

Answer 087
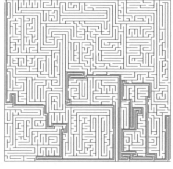

Answer 088

Answer 089
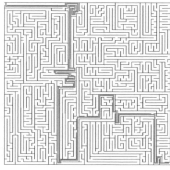

Answer 090
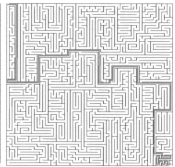

Answer 091

Answer 092

Answer 093
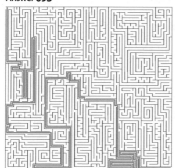

Answer 094
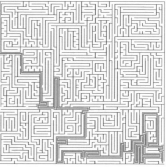

Answer 095
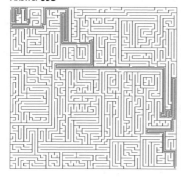

Answer 096
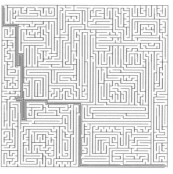

Answer 097
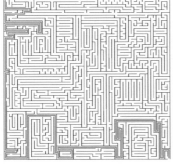

Answer 098
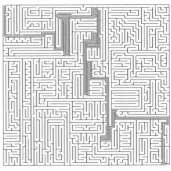

Answer 099
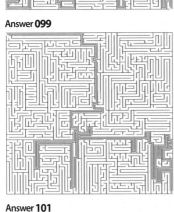

Answer 100
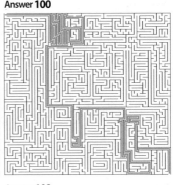

Answer 101
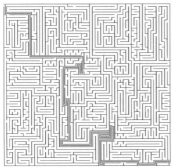

Answer 102
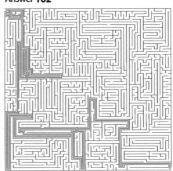

Answer 103
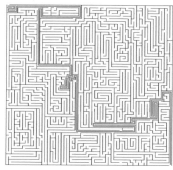

Answer 104
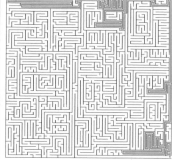

Answer 105
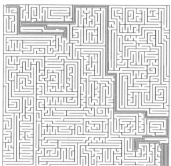

Answer 106
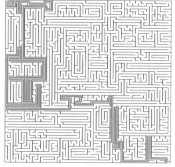

Answer 107
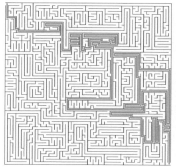

Answer 108
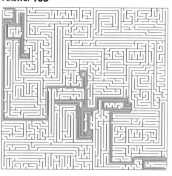

Answer 109
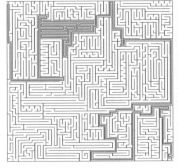

Answer 110
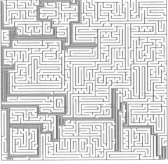

Answer 111

Answer 112
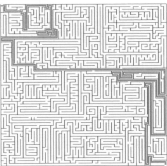

Answer 113

Answer 114
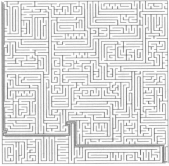

Answer 115
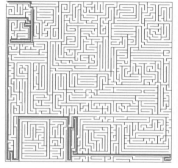

Answer 116
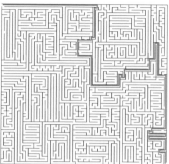

Answer 117
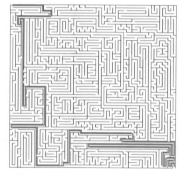

Answer 118
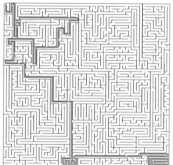

Answer 119
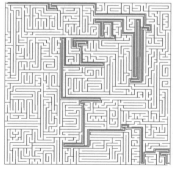

Answer 120
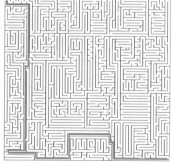

Answer **121**

Answer **122**
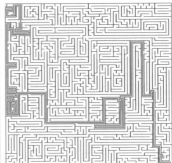

Answer **123**
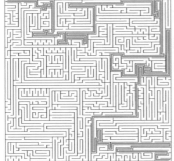

Answer **124**
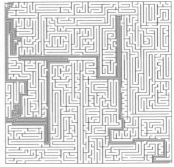

Answer **125**

Answer **126**
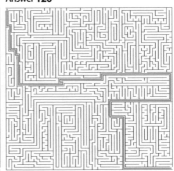

Answer **127**

Answer **128**
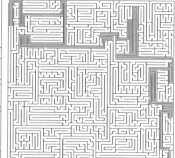

Answer **129**

Answer **130**
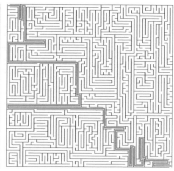

Answer **131**
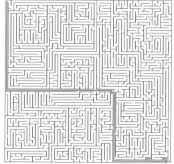

Answer **132**
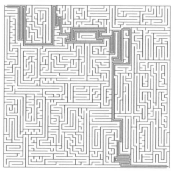

Answer 133
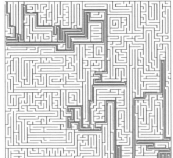

Answer 134
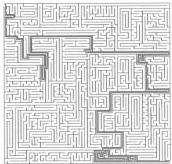

Answer 135
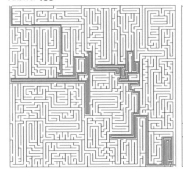

Answer 136
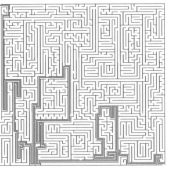

Answer 137

Answer 138
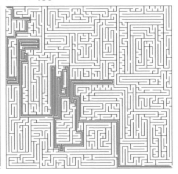

Answer 139

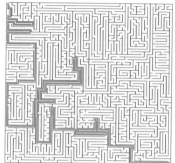

Answer 140

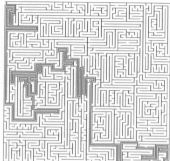

Answer 141

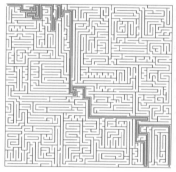

Answer 142

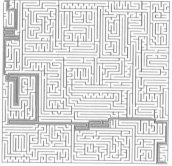

Answer 143

Answer 144

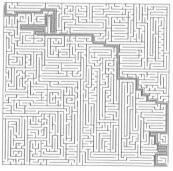

Answer **145**

Answer **146**

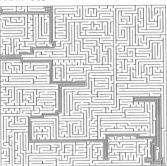

Answer **147**

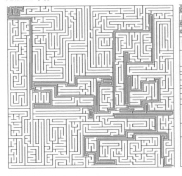

Answer **148**

Answer **149**

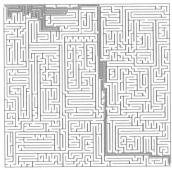

Answer **150**

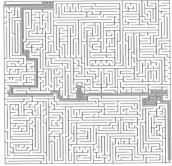

Answer 151
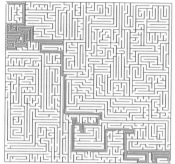

Answer 152
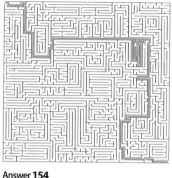

Answer 153
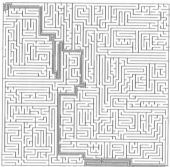

Answer 154

Answer 155
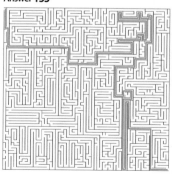

Answer 156
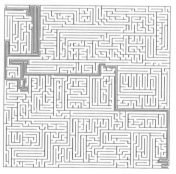

Answer 157
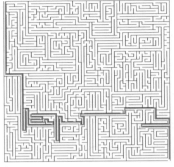

Answer 158

Answer 159
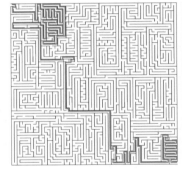

Answer 160
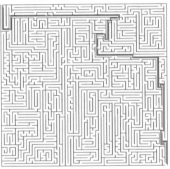

Answer 161
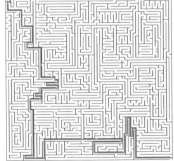

Answer 162
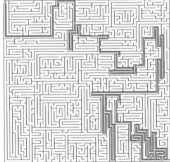

Answer 163
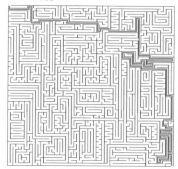

Answer 164
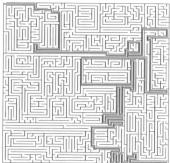

Answer 165
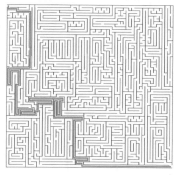

Answer 166
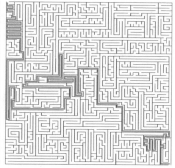

Answer 167

Answer 168
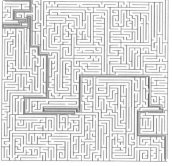

Answer **169**

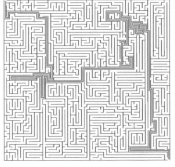

Answer **170**

Answer **171**

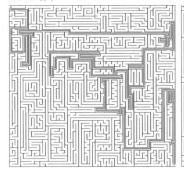

Answer **172**

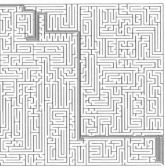

Answer **173**

Answer **174**

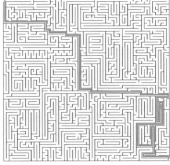

Answer 175
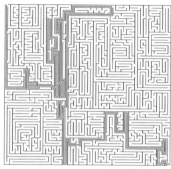

Answer 176
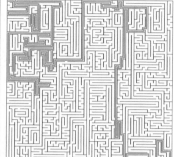

Answer 177
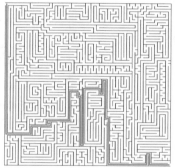

Answer 178
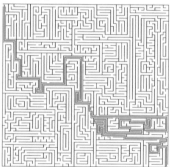

Answer 179
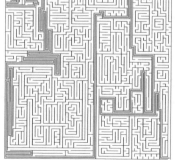

Answer 180
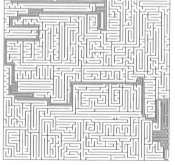

Answer 181
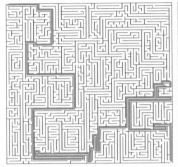

Answer 182
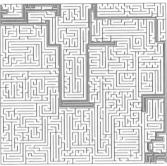

Answer 183

Answer 184
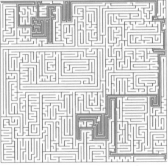

Answer 185
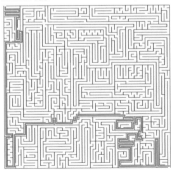

Answer 186
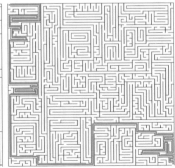

Answer 187
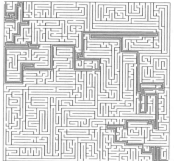

Answer 188
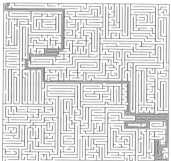

Answer 189
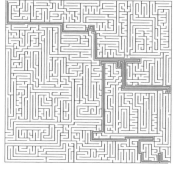

Answer 190

Answer 191
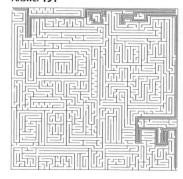

Answer 192
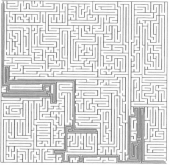

Answer 193
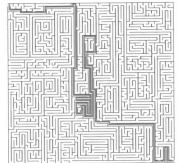

Answer 194
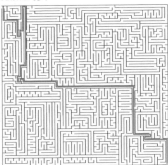

Answer 195
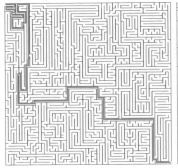

Answer 196
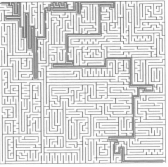

Answer 197
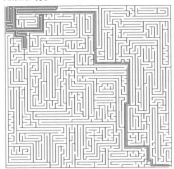

Answer 198
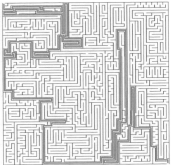

Answer 199
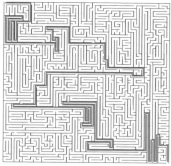

Answer 200
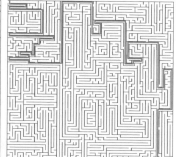

Answer 201
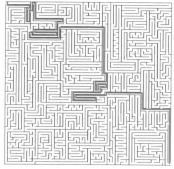

Answer 202
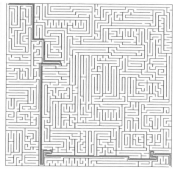

Answer 203

Answer 204
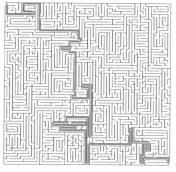

Answer 205
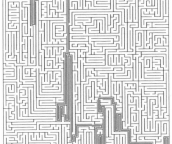

Answer 206
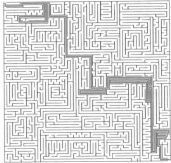

Answer 207
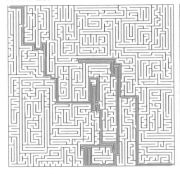

Answer 208
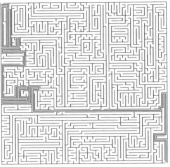

Answer 209
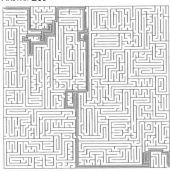

Answer 210
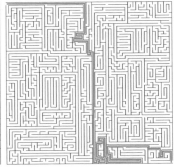

Answer **211**
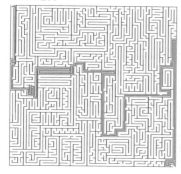

Answer **212**
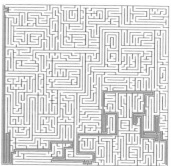

Answer **213**

Answer **214**
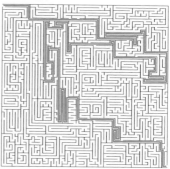

Answer **215**

Answer **216**
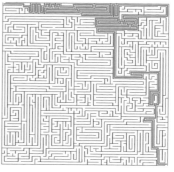

Answer **217**
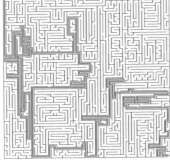

Answer **218**
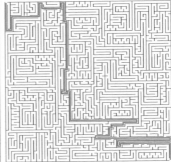

Answer **219**
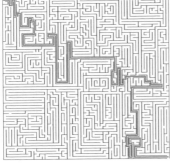

Answer **220**
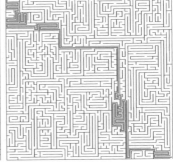

Answer **221**
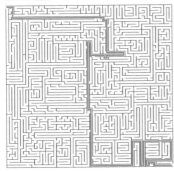

Answer **222**
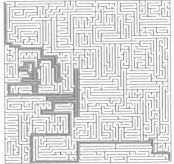

Answer 223
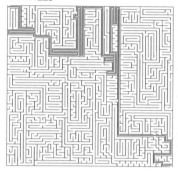

Answer 224
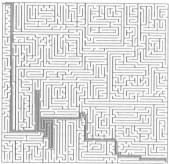

Answer 225
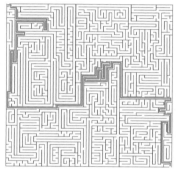

Answer 226
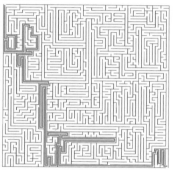

Answer 227

Answer 228

Answer **229**
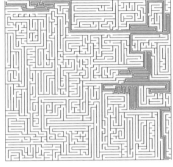

Answer **230**
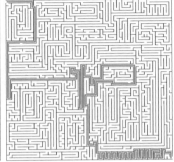

Answer **231**
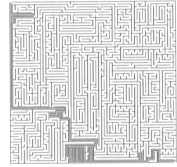

Answer **232**
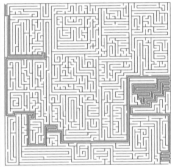

Answer **233**
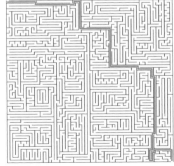

Answer **234**
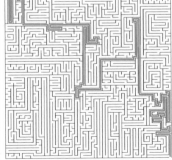

Answer 235

Answer 236
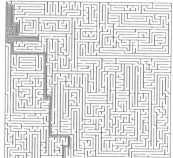

Answer 237
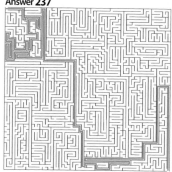

Answer 238
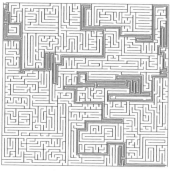

Answer 239
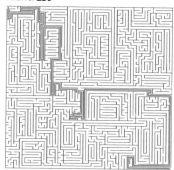

Answer 240

Answer **241**
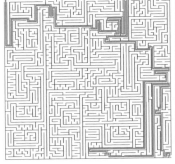

Answer **242**
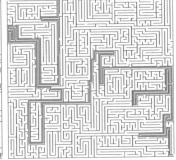

Answer **243**
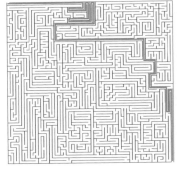

Answer **244**
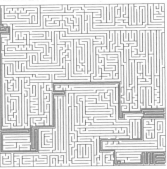

Answer **245**
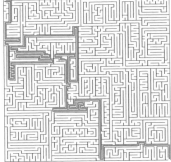

Answer **246**
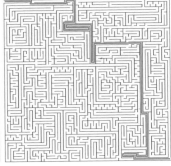

Answer 247
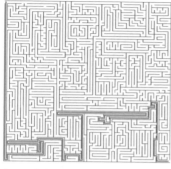

Answer 248
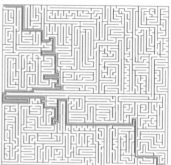

Answer 249

Answer 250
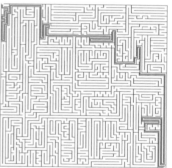

Answer 251

Answer 252

Answer **253**
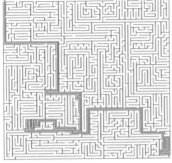

Answer **254**
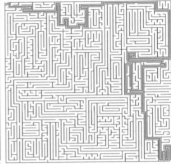

Answer **255**
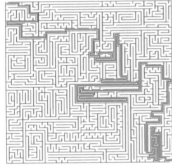

Answer **256**
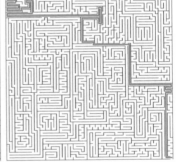

Answer **257**

Answer **258**

Answer **259**

Answer **260**
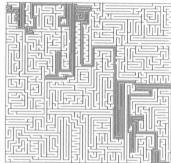

Answer **261**
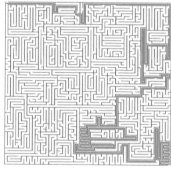

Answer **262**
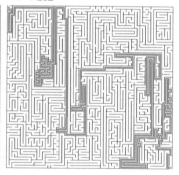

Answer **263**

Answer **264**
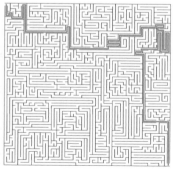

Answer **265**

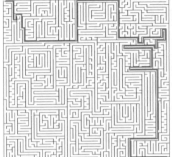

Answer **266**

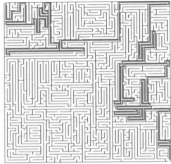

Answer **267**

Answer **268**

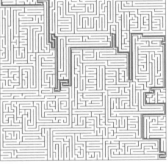

Answer **269**

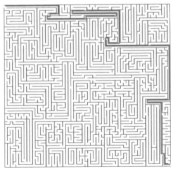

Answer **270**

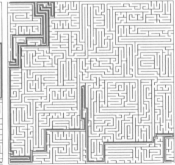

Answer 271
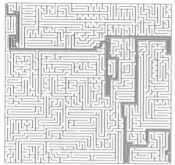

Answer 272
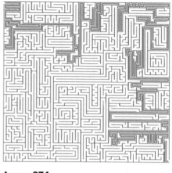

Answer 273
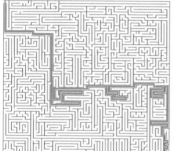

Answer 274

Answer 275

Answer 276

Answer 277
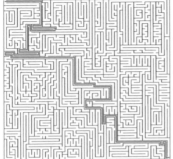

Answer 278
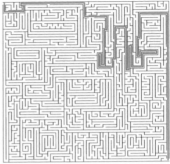

Answer 279
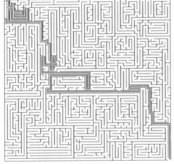

Answer 280
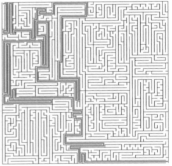

Answer 281

Answer 282

Answer **283**
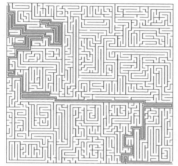

Answer **284**
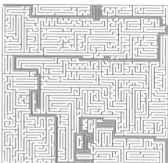

Answer **285**

Answer **286**
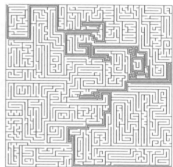

Answer **287**
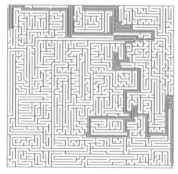

Answer **288**
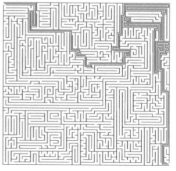

Answer **289**

Answer **290**
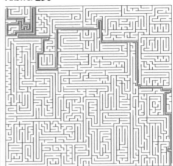

Answer **291**
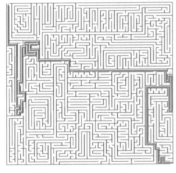

Answer **292**
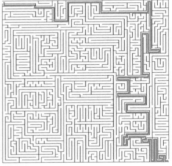

Answer **293**
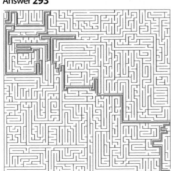

Answer **294**
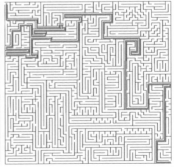

Answer 295
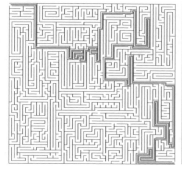

Answer 296
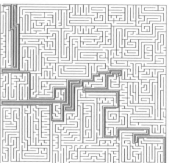

Answer 297
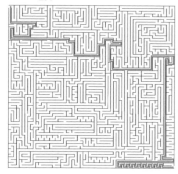

Answer 298
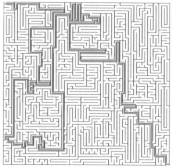

Answer 299
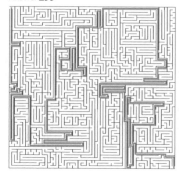

Answer 300

Answer **301**

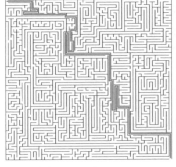

Answer **302**

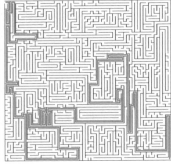

Answer **303**

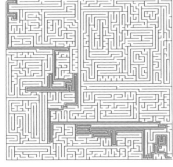

Answer **304**

Answer **305**

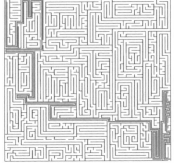

Answer **306**

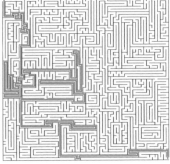

Answer 307

Answer 308
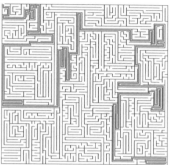

Answer 309
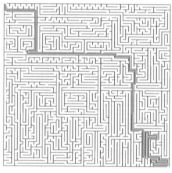

Answer 310

Answer 311

Answer 312
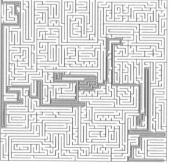

Answer **313**

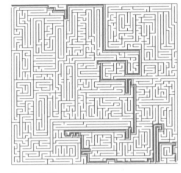

Answer **314**

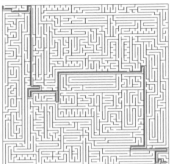

Answer **315**

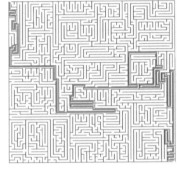

Answer **316**

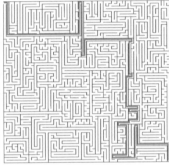

Answer **317**

Answer **318**

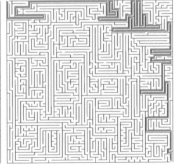

Answer 319

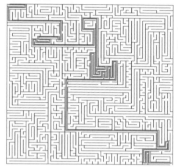

Answer 320

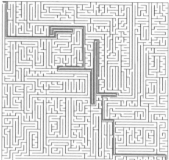

Answer 321

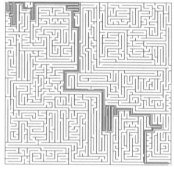

Answer 322

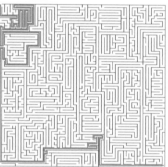

Answer 323

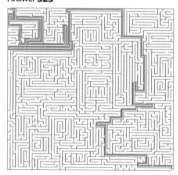

Answer 324

Answer **325**

Answer **326**
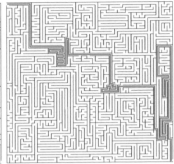

Answer **327**
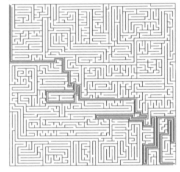

Answer **328**
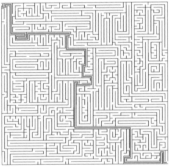

Answer **329**
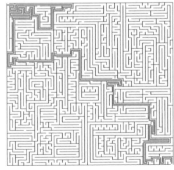

Answer **330**
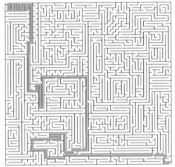

Answer **331**
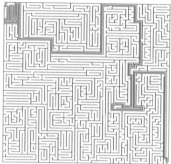

Answer **332**
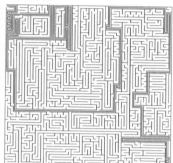

Answer **333**
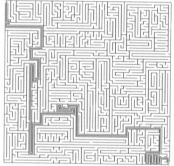

Answer **334**
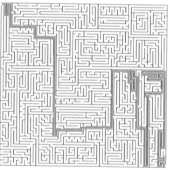

Answer **335**

Answer **336**
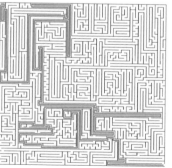

Answer **337**

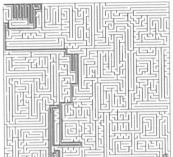

Answer **338**

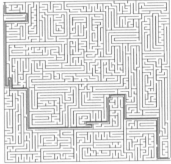

Answer **339**

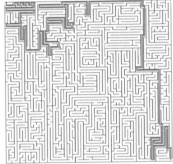

Answer **340**

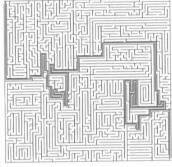

Answer **341**

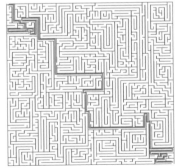

Answer **342**

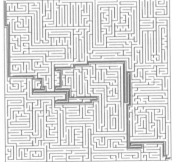

Answer **343**
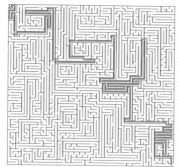

Answer **344**
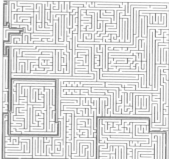

Answer **345**
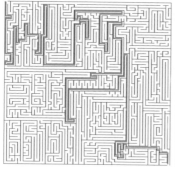

Answer **346**
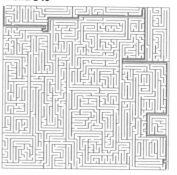

Answer **347**

Answer **348**
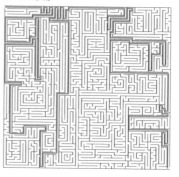

Answer **349**

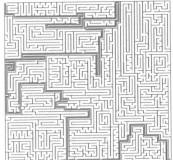

Answer **350**

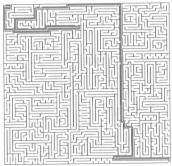

Answer **351**

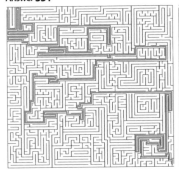

Answer **352**

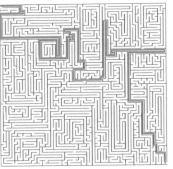

Answer **353**

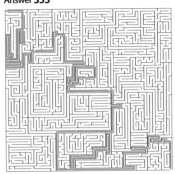

Answer **354**

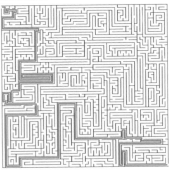

Answer 355
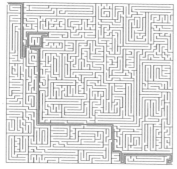

Answer 356
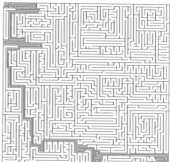

Answer 357

Answer 358
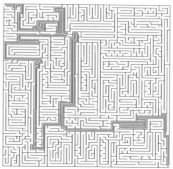

Answer 359
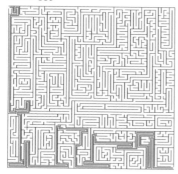

Answer 360
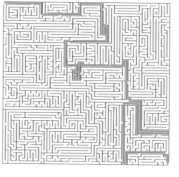

Question **361**
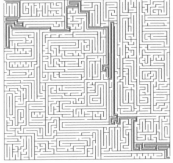

Question **362**
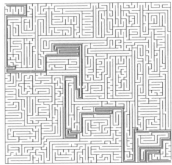

Question **363**

Question **364**
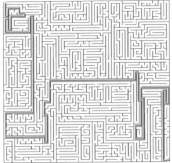

Question **365**

길찾기 미로게임 365
ADVANCED

1쇄 발행	2023년 12월 01일
지은이	Maze Creative Academy
펴낸이	김왕기
편집부	원선화, 김한솔
디자인	푸른영토 디자인실
펴낸곳	**푸른e미디어**
주소	경기도 고양시 일산동구 장항동 865 코오롱레이크폴리스1차 A동 908호
전화	(대표)031-925-2327, 070-7477-0386~9 · 팩스	031-925-2328
등록번호	제2005-24호(2005년 4월 15일)
홈페이지	www.blueterritory.com
전자우편	designkwk@me.com

ISBN 979-11-88287-45-1   14410
ⓒMaze Creative Academy, 2023

푸른e미디어는 (주)푸른영토의 임프린트입니다.

* 이 책은 저작권법에 따라 보호받는 저작물이므로 무단 전재와 복제를 금지합니다.
* 파본이나 잘못된 책은 구입하신 곳에서 바꾸어 드립니다.